사이언스 리더스

유성이
떨어진다!

멀리사 스튜어트 지음 | 송지혜 옮김

 비룡소

멀리사 스튜어트 지음 | 미국의 유니언 대학교에서 생물학을 전공하고, 뉴욕 대학교에서 과학언론학으로 석사 학위를 받았다. 어린이책 편집자로 일하다가 현재는 아동 과학 분야의 작가로 활동하고 있다.

송지혜 옮김 | 부산대학교에서 분자생물학을 전공하고, 고려대학교 대학원에서 과학언론학으로 석사 학위를 받았다. 현재 어린이를 위한 과학책을 쓰고 옮기고 있다.

이 책은 미국 항공 우주국 마셜 우주 비행 센터의 빌 쿡과 대니엘 모저가 감수하였습니다.

내셔널지오그래픽 키즈 사이언스 리더스
LEVEL 3 유성이 떨어진다!

1판 1쇄 찍음 2024년 12월 20일 1판 1쇄 펴냄 2025년 1월 15일
지은이 멀리사 스튜어트 옮긴이 송지혜 펴낸이 박상희 편집장 전지선 편집 이혜진 디자인 신현수
펴낸곳 (주)비룡소 출판등록 1994.3.17.(제16-849호) 주소 06027 서울시 강남구 도산대로1길 62 강남출판문화센터 4층
전화 02)515-2000 팩스 02)515-2007 홈페이지 www.bir.co.kr 제품명 어린이용 반양장 도서 제조자명 (주)비룡소
제조국명 대한민국 사용연령 3세 이상 ISBN 978-89-491-6921-7 74400 / ISBN 978-89-491-6900-2 74400 (세트)

사진 저작권 Cover, David Aguilar; 1 (CTR), Walter Pacholka, Astropics/Science Source; 2 (CTR), Tony and Daphne Hallas/ Science Source; 4-5 (CTR), Walter Pacholka, Astropics/Science Source; 6 (CTR), David Aguilar; 7 (LE CTR), Professor25/ iStockphoto; 8 (UP CTR), benedek/iStockphoto; 9 (UP CTR), Michael Dunning/Science Source; 10 (LO), Aleksey Kunilov/ZUMA Press/Corbis; 11 (CTR), Billy Kelly; 12, Detlev van Ravenswaay/Science Photo Library; 13 (LO), Detlev van Ravenswaay/Science Source; 13 (UP), Detlev van Ravenswaay/Science Source; 14 (CTR), KarelGallas/iStockphoto; 15 (CTR), Sinclair Stammers/Science Source; 16-17 (LO), BSIP/Science Source; 19 (CTR), Science Photo Library/Super-Stock; 20-21 (CTR), Detlev van Ravenswaay/Science Source; 22-23, JPL-Caltech/NASA; 23 (INSET), JPL-Caltech/ NASA; 24 (CTR), Alex Cherney,Terrastro/Science Source; 25 (CTR), David Aguilar; 27, Detlev van Ravenswaay/Science Source; 28-29 (Background), nienora/Shutterstock;28 (UPLE), NASA; 28 (UPRT), Walter Pacholka, Astropics/Science Source; 28 (LORT), Stephen Alvarez/National Geographic Creative; 28 (LOLE), John Chumack/Science Source; 29 (UP), yurisan/Shutterstock; 29 (CTR LE), David Aguilar; 29 (CTR RT), Tomasz Wyszolmirski/iStockphoto; 29 (LO), NASA; 30, Manfred Kage/Science Source; 31, NASA; 32-33, NASA; 33 (INSET), O. Louis Mazzatenta/National Geographic Creative; 34, Dan Haar; 35 (UP), Europics/Newscom; 35 (LO), Linda Davidson/The Washington Post/Getty Images; 37, University of Alabama Museums, Tuscaloosa, Alabama; 38, Emmett Given/NASA; 39 (RT), MSFC/MEO/NASA; 39 (LE), NASA; 40, Emmett Given/NASA;41 (UP), Thomas J. Abercrombie/National Geographic Creative; 41 (LO), YONHAP/epa/Corbis; 42, powerofforever/iStockphoto; 43, Adolphe Pierre-Louis/ZUMA Press/Corbis; 44 (UP), stevecoleimages/iStockphoto; 44 (CTR), O. Louis Mazzatenta/National Geographic Creative; 44 (LO), Detlev van Ravenswaay/Science Source; 45 (UP), Thomas Heaton/Science Photo Library/Corbis; 45 (CTR RT), Butsenko Anton/ITAR-TASS Photo/Corbis; 45 (CTR LE), KarelGallas/iStockphoto; 45 (LO), JPL-Caltech/Cornell/NASA; 46 (UP), Detlev van Ravenswaay/Science Photo Library/ Corbis; 46 (CTR LE), David Aguilar; 46 (CTR RT), Walter Pacholka, Astropics/Science Source; 46 (LOLE), Detlev van Ravenswaay/Science Source; 47 (LORT), Thomas J. Abercrombie/National Geographic Creative; 47 (UPLE), BSIP/Science Source; header, graphics.vp/Shutterstock; 47 (UPRT), PeteDraper/iStockphoto; 47 (CTR LE), David Aguilar; 47 (CTR RT), David Aguilar; 47 (LOLE), Arpad Benedek/iStockphoto; 47 (LORT), Cheryl Casey/Shutterstock; vocab, KamiGami/ Shutterstock

이 책의 차례

밤하늘의 빛줄기

매일 지구로 돌이 우수수 떨어진다면 믿을 수
있겠니? 믿기 어렵겠지만 사실이야! 정말로 매일
수천 개의 작은 우주 암석이 지구의 **대기권**을 뚫고
들어온단다. 이 우주 암석들을 **유성체**라고 하지.
하루에 지구로 떨어진 유성체들을 모두 합친 무게는
버스 9대만큼이나 무겁다고 해. 엄청나지?

그렇다고 걱정할 필요는 없어! 유성체는 대부분 땅에
떨어지지 않거든. 대기권을 통과하면서 불타 버리기
때문이야. 이때 유성체는 밝은 빛줄기를 뿜어내는데,
과학자들은 이를 **유성**이라고 불러.

우주 용어 풀이

대기권: 지구를 둘러싸고 있는 공기층.

유성체: 우주에 떠다니는 암석 덩어리.

유성: 유성체가 대기권으로 들어와
빛줄기를 뿜어내며 타오르는 것.

공기가 맑은 날, 도시의 불빛이 없는 어둡고 탁 트인 곳에서 밤하늘을 1시간 정도 관찰해 봐! 맨눈으로 2~3개의 유성을 볼 수 있을지도 몰라. 이 사진은 8분 동안 나타난 6개의 유성을 특별한 기술로 촬영한 거야.

유성은 '별똥별'이라고도 불려. 별똥별은 별과 전혀 달라!

별은 보통 우리가 갈 수도 없을 만큼 아주 먼 곳에 있어. 그곳에서 수십억 년 동안 밝게 타오르지. 한편 유성은 대부분 우리와 약 100킬로미터 정도만 떨어져 있고, 몇 초 동안만 짧게 빛을 내.

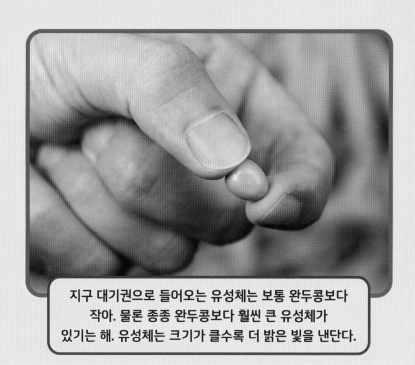

지구 대기권으로 들어오는 유성체는 보통 완두콩보다 작아. 물론 종종 완두콩보다 훨씬 큰 유성체가 있기는 해. 유성체는 크기가 클수록 더 밝은 빛을 낸단다.

유성체는 왜 지구에 들어오자마자 불타 버리는
걸까? 이렇게 생각해 보자. 추운 날 손바닥을 마주
비비면 따뜻해지지? 두 손바닥이 맞닿아 비벼질
때 **마찰**이 일어나면서
열이 함께 만들어지기
때문이야.

**우주 용어
풀이**

마찰: 어떤 물체가 맞닿은 다른
물체의 움직임을 더디게 만드는
현상.

어떤 유성체는
지구를 향해 초속
70킬로미터로 돌진해.

유성체도 마찬가지야. 유성체는 지구에 엄청나게
빠른 속도로 떨어지면서 대기권의 공기와 마찰을
일으켜. 이때 열이 발생하면서 유성체가 불타고 빛이
나는 거지.

지구로 떨어지다!

지구로 떨어지는 모든 유성체가 불타서 사라지는
건 아니야. 불타지 않고 땅에 떨어지는 것도 있는데,
이건 **운석**이라고 해. 운석은 대부분 모래알만 하지만,
종종 바위만큼 큰 것도 있어!

 우주 용어
풀이

운석: 불타지 않고 지구나 달의
표면 등에 떨어진 유성체.

 매년 운석이 약 500개씩
지구에 떨어지지만,
발견되는 건 5개
정도뿐이래.

우주를 연구하는 과학자들은 운석을 크게
세 종류로 나누어.

석질운석

지구에 있는 가장 흔한 운석이지만,
발견하기가 쉽지 않아. 보통 암석과
아주 비슷하게 생겼거든.

깜짝
과학
발견

먼 옛날 사람들은
운석을 녹여서
나온 철로 칼날을
만들기도 했어.

철질운석

군데군데가 반짝거리는 운석이야. 그래서
우주에서 왔다는 것을 쉽게 알아차릴 수 있지.
주로 철과 니켈, 두 금속으로 이루어져 있어.

석철질운석

금속과 암석이 덩어리로
섞여 있는 운석이야.
눈에 아주 잘 띄지만,
매우 드물어.

운석 명예의 전당

놀라운 기록을 가진 운석을 만나 보자!

호바 운석   발견 장소: 아프리카 나미비아 호바 웨스트 농장

세계에서 가장 큰 운석이야! 크기는 가로 2.7미터, 세로 2.7미터, 높이 0.9미터이고, 무게는 60,000킬로그램에 달하지. 한 농부가 밭을 갈다가 발견했어.

호바 운석은 많은 사람들이 볼 수 있도록 발견된 장소에 그대로 전시되어 있어.

노가타 운석   발견 장소: 일본 후쿠오카현 노가타시

이 운석은 왜 명예의 전당에 오른 걸까? 지구에 떨어진 날이 정확하게 알려진 운석 중에 가장 오래되었기 때문이야! 노가타 운석은 1160년도 더 전인, 861년 5월 19일 밤에 땅으로 떨어졌어.

기브온 운석　발견 장소: 아프리카 나미비아 기브온 마을

이 운석은 지구 대기권에서부터 부숴지기 시작해 땅에 떨어질 땐 100개 넘게 조각났어! 운석 조각들은 우리나라의 3분의 1 크기만큼이나 넓은 지역에 퍼져 있다고 해.

아프리카 나미비아에 전시되어 있는 기브온 운석 조각들이야. 약 30여 개 정도 돼.

케이프 요크 운석　발견 장소: 그린란드 케이프 요크

이 운석도 지구에 떨어지면서 커다란 조각들로 쪼개졌어. 그중 가장 큰 조각은 코끼리 4마리를 합친 무게보다 무겁다고 해! 미국 뉴욕에 있는 미국 자연사 박물관에서 볼 수 있지. 전 세계 박물관에 전시 중인 운석 가운데 가장 커.

지구 밖 세상

유성체는 원래 어디에 있었을까? 유성체를 찾으려면
우주복을 입고 기나긴 여행을 떠나야 해. 바로
우주를 향해서! 같이 떠나 볼까? 출발!

지구와 가장 가까운 이웃 행성은 금성과 화성이야.
화성과 목성 사이에는 암석들이 거대한 띠를
이루며 모여 있지. 이 암석을 '소행성', 소행성들이
모여 이룬 띠를 '소행성대'라고 해.

소행성대

화성

금성

목성

지구

수성

지구는 **태양계**에 속해.
태양계의 중심에는
태양이 있고, 다른
천체들이 태양 주위를
공전하고 있어.

우주 용어 풀이

태양계: 태양과 그 주위를 도는 모든 천체.

천체: 태양, 별, 달처럼 우주에 있는 모든 물체.

공전: 한 천체가 다른 천체의 둘레를 일정한 주기로 도는 일.

소행성: 유성체보다 크지만, 행성보다 작은 우주 암석.

토성

천왕성

해왕성

태양과 **행성**들, 수많은 소행성까지.
태양계는 이게 다일까? 그렇지 않아!

태양계 마지막 행성인 해왕성 끝자락에
띠처럼 보이는 거대한 영역이 더
있단다. 이 영역을 **카이퍼 벨트**라고
해. 여기서 끝이 아니야. 과학자들은
태양계 가장 바깥쪽에 먼지와 얼음으로
이루어진 **오르트 구름**이 태양계를
껍질처럼 둘러싸고 있을 거라 생각해.

 **우주 용어 풀이**

행성: 별 주위를 도는 둥근 천체.
스스로 빛을 내지 못한다.

오른쪽 그림에서 윗부분은 태양계를 확대한
모습이야. 그림 아래쪽은 오르트 구름에서
태양계가 어디에 있는지 나타내고 있어.

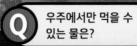
태양

해왕성

카이퍼 벨트에는 대부분 얼음으로 이루어진 천체들이 모여 있어.

태양

태양계의 바깥을 둘러싼 오르트 구름에는 행성이 되지 못한 작은 암석, 먼지, 얼음 덩어리가 모여 있지.

유성체가 되다

소행성대, 카이퍼 벨트, 오르트 구름에는 엄청나게
많은 천체들이 **궤도**를 따라 돌고 있어. 소행성대에는
200만 개가 넘는 소행성이, 카이퍼 벨트에는
얼음으로 이루어진 작은 천체들이 1조 개 이상,
오르트 구름에는 무려 10조 개 가까이 있을 거라고
추측하지.

우주 용어 풀이

궤도: 행성 등이 다른 천체의
둘레를 돌면서 그리는 타원
모양의 길.

소행성대에서 소행성이
궤도를 따라 돌고 있어.

이 수많은 천체들이 궤도를 돌다가 여러 이유로
쪼개지고 떨어져 나오면 유성체가 돼. 그리고 그중
일부가 지구 대기권으로 들어와.

깜짝 과학 발견

우주에 있는 천체는
대부분 둥글지만,
소행성은 모양이
다양해!

소행성은 보통 약 초속 22킬로미터의 빠른 속도로 우주를 날아다녀. 그러니까 지구와 소행성이 부딪히면 엄청난 피해가 생기겠지?

소행성에서 유성체가 되기까지

우주를 떠다니던 소행성들은 범퍼카처럼 서로 꽝 부딪히고 쪼개져. 이때 떨어져 나온 조각들이 유성체가 되지. 유성체는 보통 떨어져 나온 소행성과 같은 궤도에 머물러.

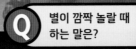

소행성 파헤치기

지구에서 발견되는
운석은 거의 대부분
소행성이 쪼개져서
생긴 거야.

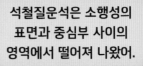

석질운석은 소행성의
표면에서 쪼개졌어.

철질운석은 소행성
중심부에서 떨어져
나온 거야.

석철질운석은 소행성의
표면과 중심부 사이의
영역에서 떨어져 나왔어.

 **우주 용어
풀이**

중력: 지구와 같은 천체가
물체를 끌어당기는 힘.

하지만 그중 몇몇은 주변 행성인 목성의 중력에
이끌려 궤도를 벗어나 우주를 떠돌게 돼. 이런
유성체 가운데 일부가 다시 지구의 **중력**에 의해 지구
대기권으로 들어오게 되는 거야.

혜성에서 유성체가 되기까지

카이퍼 벨트와 오르트
구름에는 얼음과 먼지,
암석으로 이루어진 작은
천체들이 모여 있다고 했지?
이 천체들 가운데 있던
곳을 벗어나 태양 주위를
도는 것들이 있는데, 이를
혜성이라고 해. 혜성은
태양과 가까워지면 긴 꼬리가
생겨!

**우주 용어
풀이**

핵: 어떤 것의 중심이나 중요한
부분. 천체에서 핵은 중심에
있는 뜨겁고 단단한 부분이다.

혜성: 긴 꼬리를 끌고 태양
주위를 도는 천체.

혜성 자세히 보기

얼음덩어리인 혜성은 태양과 가까워지면 뜨거워지면서 모습이 변하기 시작해. 아래 사진과 함께 샅샅이 살펴보자!

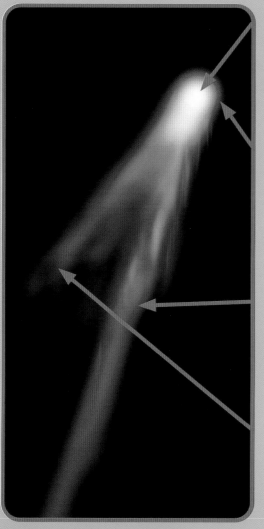

핵
단단한 암석으로 이루어져 있어. 태양과 가까워지면 가스와 먼지가 빠져나와.

코마
핵에서 빠져나온 가스와 먼지가 핵 주위를 구름처럼 둘러싼 부분이야. 태양 빛을 반사해서 밝게 빛나!

먼지 꼬리
일부 먼지가 핵 뒤쪽으로 날리면서 생기는 꼬리야. 길고 두꺼워.

가스 꼬리
일부 가스가 날려서 만들어진 꼬리야. 먼지 꼬리보다 가늘어.

혜성이 태양 주위를 도는 동안 혜성의 먼지 꼬리에서 물질들이 떨어져 나와 작은 유성체가 돼. 지구 대기권에 들어오는 유성체 중 일부는 혜성에서 떨어져 나온 거야.

유성체가 쏟아지다

지구는 해마다 똑같은 궤도를 따라서 태양 주위를 돌아. 그러는 동안 혜성이 남긴 유성체들을 지나지. 이때 수십 개의 유성체들이 무더기로 지구 대기권에 들어와 불타면서 아름다운 광경을 만들어내기도 해. 우리는 그 모습을 **유성우**라고 불러.

우주 용어 풀이

유성우: 어떤 곳의 하늘에서 짧은 시간 동안 수많은 유성이 비처럼 떨어지는 현상.

깜짝
과학
발견

혜성의 먼지로 이루어진
유성체는 너무 작고 약해서
지구 표면에 닿기도 전에 전부
불타. 그러니까 혜성에서 나온
운석은 절대 찾을 수 없어.

몇 분 동안 하늘에서 떨어지는 유성우의
모습이야. 유성이 10개 이상 떨어지면
유성우라고 하지. 유성우는 달이 밝으면
잘 보이지 않아서 평소에 보기에는 어려워.

우주 암석에 관한 8가지 멋진 사실

1

매일 2500만 개의 유성체가
지구 대기권으로 들어와.

2

유성은 대부분 붉거나 하얗게 보여.
종종 푸른색이나 노란색을
띠는 것도 있어.

3

매우 밝은 유성을 '화구'라고 해.
때로 큰 소리로 폭발하며
불꽃을 남겨.

4

운석은 발견된 장소로
이름을 붙여.

5

유성은 해가 진 이후 몇 시간보다
해가 뜨기 직전에 더 많이
볼 수 있어.

6

지금까지 관측된 가장 긴
혜성 꼬리는 약 5억 7000만
킬로미터래!

7

지금까지 발견된 가장 오래된
운석은 약 46억 년 정도
되었어.

8

국제 우주 정거장은 튼튼한 방탄 소재로
지어져서 유성체와 부딪혀도
크게 망가지지 않아.

둘이 부딪히면?

지구에서 발견되는 운석은 대부분 소행성이 쪼개진 것들이야. 하지만 종종 달과 화성에서 떨어져 나온 유성체가 운석이 되기도 해.

달에서 온 운석

두 소행성이 충돌하면 그중 하나가 원래 궤도를 벗어나 달의 궤도를 가로지를 때가 있어. 그러고는 달에 쾅 부딪히지. 이때 소행성은 천체 표면에 구덩이를 만드는데, 이를 '크레이터'라고 해.

이 충돌로 달에서 암석 덩어리가 떨어져 나오곤 해. 암석 덩어리는 우주로 날아가 유성체가 되거나, 때때로 지구 대기를 뚫고 땅에 떨어져.

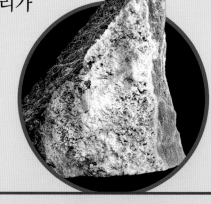

지금까지 지구에서 발견된 운석은 5만 개 정도 되는데, 그중 달의 운석이 300개가 넘어.

크레이터

화성에서 온 운석

화성도 달처럼 많은 소행성과 부딪혀. 그리고 이 충돌로 화성에서도 유성체가 떨어져 나오지.

화성의 유성체 가운데 몇몇은 여전히 화성 가까이에서 공전하고 있어. 한편 화성 궤도에서 벗어난 것들도 꽤 있단다!

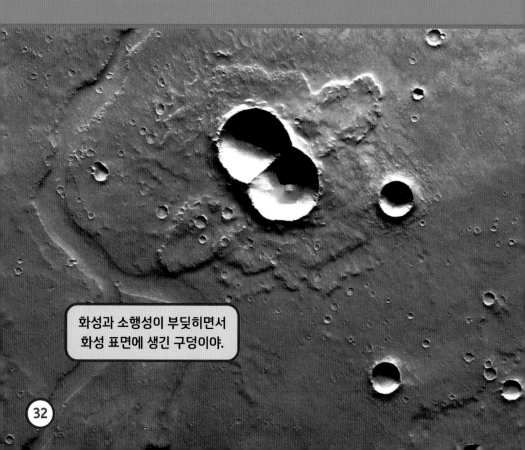

화성과 소행성이 부딪히면서 화성 표면에 생긴 구덩이야.

궤도를 벗어난 화성의 유성체는 시간이 흐르면서 지구의 중력과 다른 여러 힘의 작용으로 지구로 끌려와. 대부분 대기권에서 불타 없어지지만, 땅에 떨어질 만큼 큰 것도 있지. 지금까지 과학자들이 확인한 화성 운석은 300개 정도 된대!

붉은색을 띠었던 화성의 유성체는 지구 대기권을 통과하면서 검은색 운석으로 변해. 그래서 지구의 다른 암석과 구분하기가 쉽지 않아.

위에서 쿵!

지구는 대부분 물로 덮여 있기 때문에 많은 운석이
바다로 떨어져. 몇몇 운석은 숲, 사막처럼 사람이
살지 않는 땅에 떨어지기도 하지.

하지만 가끔 사람이 사는 곳에 떨어져서 피해를
주는 운석도 있어! 운석이 떨어지면서 생긴 황당한
사건들을 만나 보자.

웨더스필드 운석

1982년, 미국 코네티컷주
웨더스필드에 사는 완다
도나휴와 로버트 도나휴는
집에 있다가 쿵 하고 무언가
떨어지는 소리를 들었어.
서둘러 거실에 나와 살펴보니
천장에 커다란 구멍이 나
있는 게 아니겠어? 무슨 일이
일어난 걸까? 범인은 가구
아래로 굴러 들어간
자몽 크기의 운석이었대.

픽스킬 운석

1992년, 미국 뉴욕주 픽스킬에 살던 미셸 냅은 집 밖에서 난 엄청난 충돌 소리에 화들짝 놀랐어. 현관문을 열고 나가 보니 축구공 크기의 운석이 자동차에 박혀 있었지 뭐야.

로턴 운석

2010년, 프랭크 참피 박사가 미국 버지니아주 로턴에 있는 사무실에서 일하다가 갑자기 지붕을 뚫고 떨어진 운석 때문에 깜짝 놀라고 말았어. 이 주먹만 한 운석은 지금 미국의 스미소니언 국립 자연사 박물관에 전시되어 있대.

앞서 만난 이야기에서 운석은 모두 건물과 자동차에
떨어졌어. 건물과 자동차는 꽤 크기 때문에 운석이
떨어진다면 누구라도 충돌 소리를 들을 수 있을
거야. 그런데 이러다 정말 운석이 사람 머리 위로
떨어질 수도 있지 않을까? 그 사람이 바로 내가
된다면?

맞아, 그럴 수 있을 거야. 이미 일어난 일일지도
모르지. 다만 운석은 대부분 먼지보다 작아. 그러니까
하나쯤 우리 머리 위에 떨어져도 눈치채지 못할걸?

그런데 먼지만 한 운석만 있는 건 아니잖아. 더 큰
운석이 떨어지면 어쩌지? 이 또한 걱정하지 않아도
돼. 눈에 보일 만큼 큰 운석을 맞은 사람은 지금까지
전 세계를 통틀어 10명 정도뿐이니까. 그리고 그들
중 누구도 심하게 다치치 않았어.

실라코가 운석

1954년, 자몽 크기의 운석이 미국 앨라배마주 실라코가에 살던 앤 호지스의 집 지붕 위로 떨어졌어! 운석은 라디오를 맞고 튕겨 나가 낮잠을 자고 있던 호지스의 엉덩이를 때렸지. 호지스는 지금까지 운석을 맞아서 다쳤다고 공식적으로 보고된 유일한 사람이야.

운석 망보기

빌 쿡 박사

많은 과학자들이 평생을 바쳐 우주의 암석을
연구하고 있어. 이 책에서는 그중 미국 항공 우주국
(NASA)의 마셜 우주 비행 센터 유성체 환경 연구
사무소에서 책임 연구원으로 일하고 있는 빌 쿡
박사를 만나 볼 거야. 그는 밤하늘의 유성을 쫓는
과학자란다.

쿡 박사는 미국의 오하이오주, 펜실베이니아주, 앨라배마주, 테네시주, 조지아주, 노스캐롤라이나주, 뉴멕시코주에 설치한 카메라 12대를 사용하여 맑은 밤하늘의 유성을 관찰하고 촬영해. 그런 다음 각 유성이 얼마나 빠른지, 어디에서 왔는지, 운석으로 떨어졌는지 등을 조사하지.

쿡 박사가 카메라로 촬영한 유성의 사진은 원래 흑백이야. 흑백 사진에 위의 두 사진처럼 색을 입히면 유성의 모습이 선명해지지. 왼쪽의 사진은 유성 사진 여러 장을 겹쳐서 만든 거야.

운석을 찾는 사람들

지구에 떨어진 운석들을 수집하는 과학자도 있어.
운석은 뜨거운 사막과 얼어붙은 남극에서 가장
발견하기 쉬워. 황갈색 모래나 하얀 얼음 위에서
운석이 잘 보이기 때문이야.

매년 미국 국립과학재단에서는 운석을 찾기 위해
남극 대륙에 과학자들로 구성된 팀을 보내. 지난
50년 가까이 이들이 발견한 운석이 1만 6000개가
넘는다지 뭐야. 우리나라 해양수산부에서도 남극에
'남극 운석 탐사대'를 보내서 운석을 찾고 있어.
2013년에는 국내 최초로 '달 운석'을 발견했다고 해.

운석 수집을 위해 필요한 도구들

1932년, 아라비아반도 남부에 펼쳐진 광대한 룹알할리 사막에서 운석이 발견되었어. 무게가 3500킬로그램에 달했다고 해.

2013년 1월, 우리나라 과학자들이 남극의 청빙 지대에서 운석 여러 개를 수집했어. 그중 달 운석도 있었지.

과학자만 운석을 수집할 수 있는 건 아니야! 호기심 많은 어린이부터 어른까지 누구나 운석을 찾고 모을 수 있어.

그런데 평범한 암석과 운석은 어떻게 구분할 수 있을까?

운석의 특징

✓ 자석에 잘 달라붙는다.

✓ 같은 크기의 암석에 비해 무거워 보인다.

✓ 표면이 거칠고, 엄지손가락으로 누른 듯한 자국들이 있다. 반점이 있거나 불뚝 솟은 부분이 많은 경우도 있다.

물론 운석을 발견하는 건 쉽지 않아. 그렇지만 혹시 알아? 관심을 갖고 꾸준히 운석을 찾다 보면 동네에서 최초로 운석을 발견한 사람이 될지도 모르지. 만약 발견한 암석이 정말 운석인지 확인하고 싶다면 한국지질자원연구원 운석신고센터(kigma. re.kr)에 연락해 봐!

놀라운 발견!

미국 뉴멕시코주 리오 랜초에 사는 얀선 라이언스는 10살 때 운석에 관한 책을 읽고 난 뒤 직접 운석을 찾고 싶어졌어. 그는 2년간 열심히 찾아다닌 끝에 석질운석의 특징을 가진 암석을 발견했지. 과연 암석은 진짜 운석이었을까?

두구두구, 결과는 운석이 맞았어! 뉴멕시코 대학교 운석 연구실의 칼 에이지 박사가 라이언스가 발견한 암석이 진짜 운석이라는 걸 확인해 주었단다.

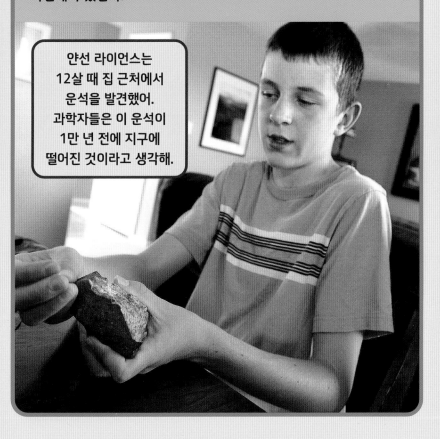

얀선 라이언스는 12살 때 집 근처에서 운석을 발견했어. 과학자들은 이 운석이 1만 년 전에 지구에 떨어진 것이라고 생각해.

도전! 우주 박사

이 책을 읽고 유성, 유성체, 운석에 대해 얼마나 알게
되었니? 아래 퀴즈를 풀면서 확인해 봐!
정답은 45쪽 아래에 있어.

유성은 대부분 우리와 약 _____킬로미터
떨어져 있어.
A. 10
B. 100
C. 1000
D. 10,000

불타지 않고 지구 표면으로 떨어진 유성체를
_____(이)라고 해.
A. 운석
B. 화성
C. 소행성
D. 혜성

소행성대에는 얼마나 많은 소행성들이 있을까?
A. 2개
B. 약 200개
C. 약 200만 개
D. 2조 개 이상

4

다음 중 태양과 가까워지면 긴 꼬리가 생기는 천체의 이름은?
A. 행성
B. 혜성
C. 소행성
D. 위성

5

사람들이 지구에서 발견하는 운석은 대부분 _____이 쪼개진 것들이야.
A. 화성
B. 달
C. 소행성
D. 혜성

6

운석은 보통 _____에 따라 이름을 붙여.
A. 발견한 사람
B. 전시되어 있는 박물관
C. 발견된 장소
D. 원래 있었던 곳

7

발견한 암석이 _____ 운석일 수 있어.
A. 자석에 잘 붙으면
B. 주변의 다른 암석보다 무거워 보이면
C. 표면이 거칠고 움푹 들어간 부분이 많으면
D. 위가 모두 해당되면

정답: 1. B, 2. A, 3. C, 4. B, 5. C, 6. C, 7. D

꼭 알아야 할 과학 용어

대기권: 지구를 둘러싸고 있는
공기층.

유성체: 우주에 떠다니는
암석 덩어리.

유성: 유성체가 대기권으로 들어와
빛줄기를 뿜어내며 타오르는 것.

유성우: 수많은 유성이 비처럼
떨어지는 현상.

운석: 불타지 않고 지구나 달의
표면 등에 떨어진 유성체.

태양계: 태양과 그 주위를 도는
모든 천체.

궤도: 행성 등이 다른 천체의 둘레를
돌면서 그리는 타원 모양의 길.

소행성: 유성체보다 크지만,
행성보다 작은 우주 암석.

혜성: 긴 꼬리를 끌고 태양 주위를
도는 천체.

마찰: 맞닿은 두 물체의 움직임을
더디게 만드는 현상.

중력: 지구와 같은 천체가 물체를
끌어당기는 힘.

찾아보기